Bibliografische Information der Deutschen Nationalbibliothek:

Die Deutsche Bibliothek verzeichnet diese Publikation in der Deutschen Nationalbibliografie; detaillierte bibliografische Daten sind im Internet über http://dnb.d-nb.de/ abrufbar.

Impressum:

Druck und Bindung: Books on Demand GmbH, Norderstedt Germany
ISBN: 978-3-668-02851-7

Dieses Buch bei GRIN:

http://www.grin.com/de/e-book/304556/labor-elektrotechnik-versuchsauswertung-der-laborversuche

Andreas Buchta

Labor Elektrotechnik: Versuchsauswertung der Laborversuche

GRIN Verlag

Hamburger Fern-Hochschule

Wirtschaftsingenieurwesen

München

Modul Elektrotechnik

Versuchsauswertung

Labor Elektrotechnik

Laborversuch vom: 07.03.15

von

Andreas Maximilian Buchta

09.03.15

Inhaltsverzeichnis

Abbildungsverzeichnis

Tabellenverzeichnis

1. Messungen mit dem Oszilloskop im Grundstromkreis

1.1 Messungen mit dem Tastkopf

Messergebnisse können durch Eingangsimpendanzen verfälscht werden. Genau so können Messungen über längere Koaxialleitungen, durch deren Kapazität verfälscht werden. Ebenso können größere Spannungsamplituden gemessen werden, als das Oszilloskop noch darstellen kann. Um solchen Fehlern vorzubeugen ist ein Frequenzkompensierter Spannungsteiler - ein Tastkopf – erforderlich.

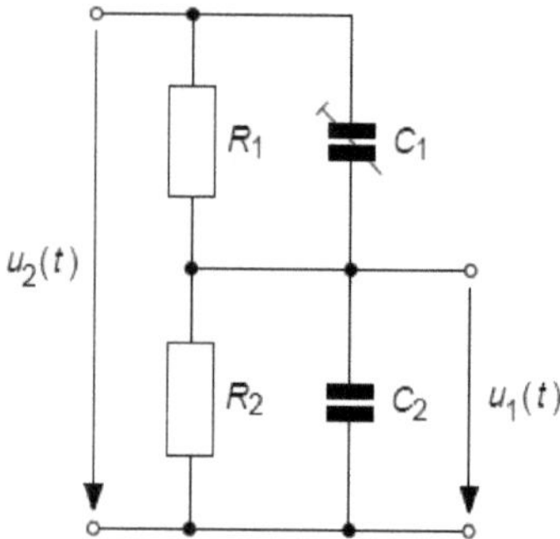

Abbildung 1: Prinzipschaltung eines Tastkopfes (Quelle: Studienbrief 9 Elektrotechnik / Elektronik)

Um ein für alle Frequenzen gleiches Teilungsverhältnis zu erhalten muss gelten:

$$R_1 \cdot C_1 = R_2 \cdot C_2$$

Um dieses Verhältnis zu realisieren muss Kondensator C_1 mit veränderbaren Kapazitäten ausgeführt sein. Der Tastkopf wird vor der eigentlichen Messung anhand eines bekannten Eingangssignals, dass alle Frequenzen enthält abgeglichen, dem Rechtecksprung. Wenn das Oszilloskop einen Rechtecksprung mit ausreichender Flankensteilheit darstellt, ist der Tastkopf richtig kompensiert.

Abweichungen davon ergeben einen unter- oder überkompensierten Tastkopf (Abbildung 2). Der Abgleich kann nur bis zur maximalen Grenzfrequenz erfolgen.

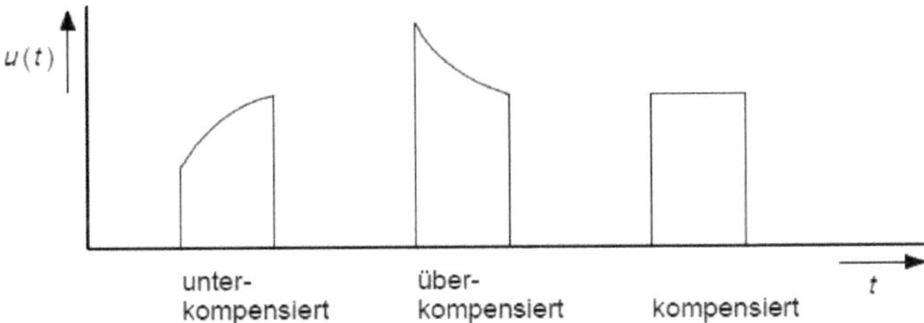

Abbildung 2: Kompensationen (Quelle: Studienbrief 9 Elektrotechnik / Elektronik)

1.2 Darstellung sinusförmiger Signale

Bei Folgenden Einstellungen des Oszilloskops: 50Hz; 5ms/div; 5V/div, ergibt sich die unten dargestellte sinusförmige Spannung (Abb. 3). Die Zeitablenkung wurde so gewählt, dass eine Periode der zu messenden Spannung dargestellt wird.

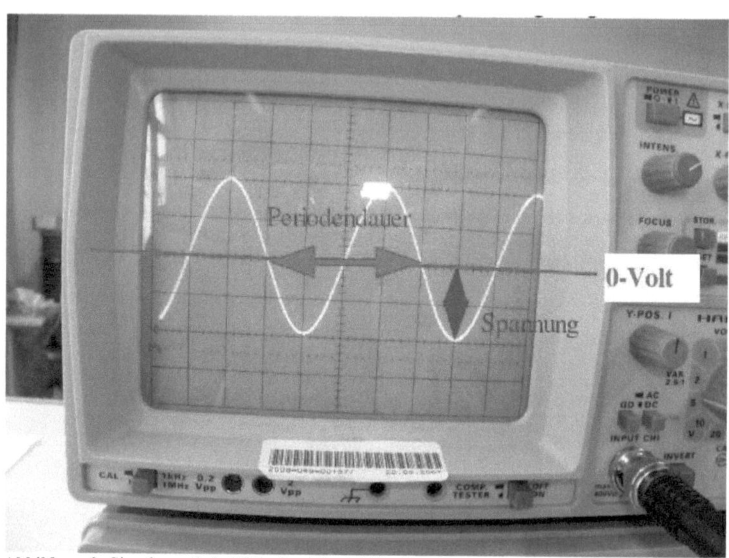

Abbildung 3: Sinuskurve bei 50Hz; 5ms/div; 5V/div (Quelle: Der Verfasser)

Aus Abbildung 3 lassen sich mit den oben genannten Einstellungen des Oszilloskops die Periodendauer von 20ms und ein Scheitelwert der Spannung von 10V ablesen.

Bei einer Veränderung der Triggerspannung (U_{Tr}) ist am Oszilloskop eine Verschiebung des Startpunktes der Messung der Sinuskurve zu erkennen (Abb. 4).

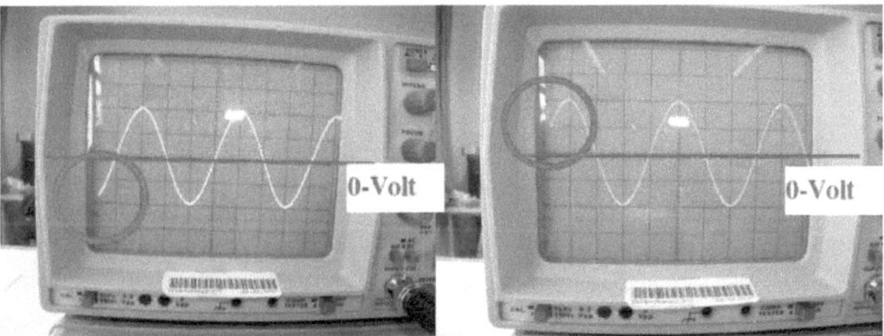

Abbildung 4: Veränderter Startbereich nach veränderter Triggerspannung (Quelle: Der Verfasser)

Wenn die Triggerspannung größer gewählt wird als die maximale Amplitudenspannung erlischt die Messwertanzeige, wie in Abb. 5 zu sehen ist. Der sichtbare Bereich des Oszilloskops wird verlassen. Der Startbereich der Messung der Sinuskurve liegt im vorliegenden Fall dann über 10V und ist nicht mehr im Anzeigebereich.

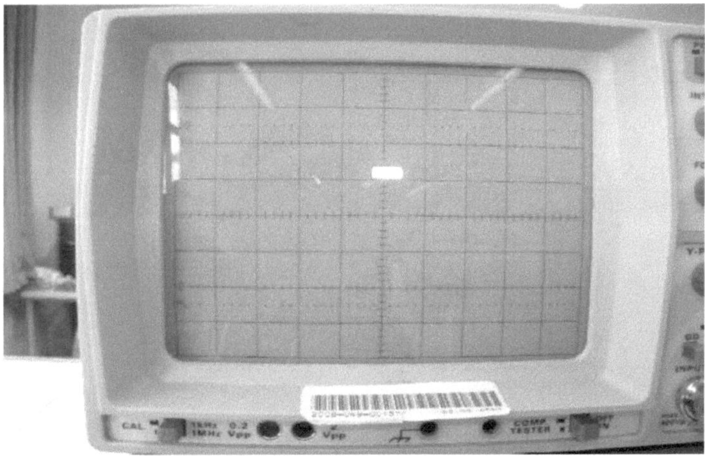

Abbildung 5: Erloschener Anzeigebreich bei Triggerspannung >10V (Quelle: Der Verfasser)

Durch die „SLOPE"-Funktion des Oszilloskops kann zwischen der Darstellung der Sinuskurve bei aufsteigender bzw. fallender Kurve umgestellt werden.

1.3 Messung verschiedener Spannungen einer Gleichrichterschaltung

Für die Ermittlung der Ströme und Spannungen der Gleichrichterschaltung, wurde ein Versuch nach Folgender schematischer Schaltung aufgebaut.

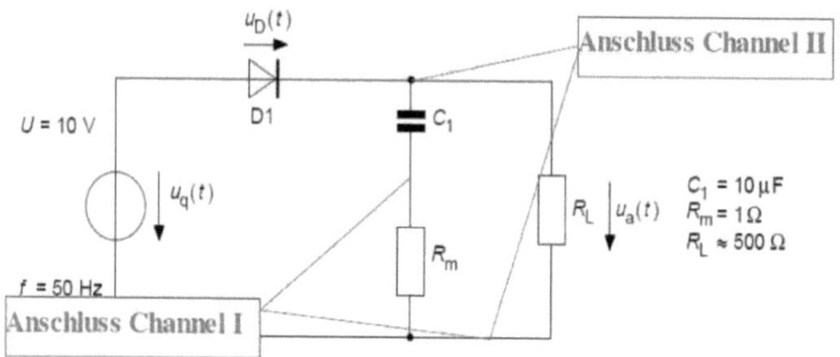

Abbildung 6: Schematischer Versuchsaufbau (Quelle: Studienbrief 9 Elektrotechnik / Elektronik)

Der reale Aufbau wird nachstehend gezeigt.

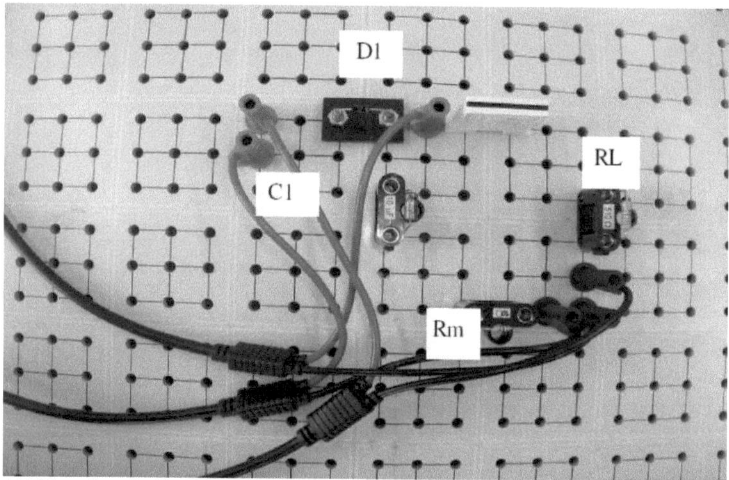

Abbildung 7: realer Versuchsaufbau (Quelle: Der Verfasser)

Ein Oszilloskop ist nur in der Lage Spannungen, aber keine Ströme anzuzeigen. Aus diesem Grund werden im Folgenden erst die Abnahmen der Spannungen im Versuch erläutert, um dann im Abschluss mit den ermittelten Werten die geforderten Ströme zu berechnen.

Die Abnahme der Spannungen erfolgte wie in Abbildung 6 über Channel I an R_m und über Channel II an R_L.

Die Messung der Ausgangsspannung am Lastwiderstand R_L ergibt Folgendes OZ-Bild, bei der OZ-Einstellung von 50Hz, 2V/div und 2ms/div.

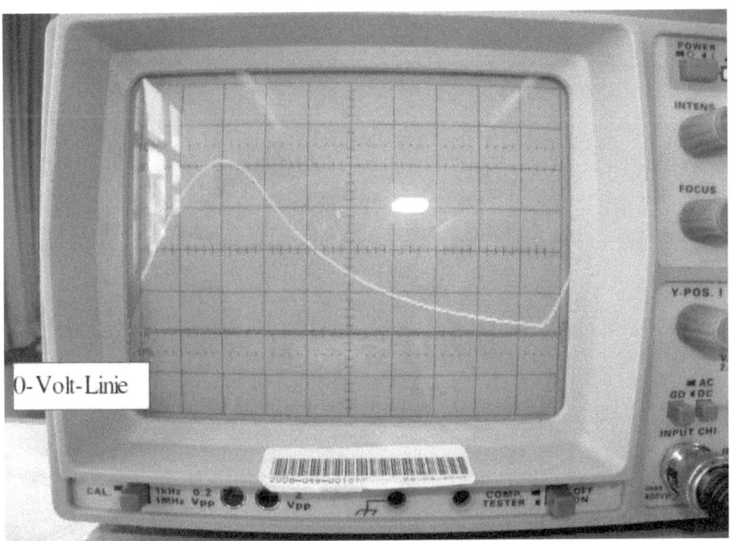

Abbildung 8: OZ-Bild zur Messung der Ausgangsspannung an R_L (Quelle: Der Verfasser)

Es ist zu bemerken, dass die Kurve keinen negativen Wert erreicht. Die Entladung des Kondensators sorgt für einen Spannungserhalt. Nach dem erreichen des unteren Scheitelpunktes beginnt der Kondensator erneut mit der Aufladung.

Der Maximalwert der Ausgangsspannung an R_L reicht von $U_{min.}$ 0,4V im entladenen Zustand des Kondensators, bis $U_{max.}$ 8,4V im aufgeladenen Zustand des Kondensators.

Aus dem Spannungsabfall am Messwiderstand R_m lässt sich mit Hilfe des Ohmschen Gesetzes der Strom an C_1 (i_C) bestimmen.

Das Oszilloskop zeigt bei einer Einstellung von 0,1V/div und 2ms/div das Folgende Messbild.

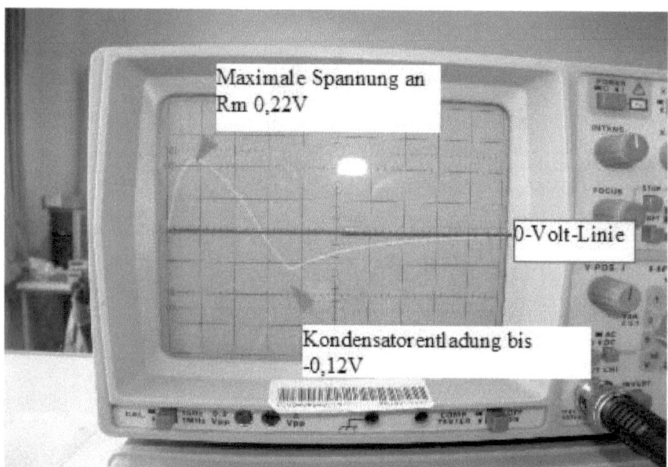

Abbildung 9: Messergebnis bei Spannungsabnahme an Rm (Quelle: Der Verfasser)

Die Spannung erreicht an R_m einen maximalen Stromdurchfluss von 0,22V. Der Kondensator lädt hier auf. Die Kondensatorentladung verläuft bis zu einem minimalen Stromdurchfluss von -0,12V.

Nach den Versuchen aus Abbildung 9 und Abbildung 11 können mit Hilfe des Ohmschen Gesetzes der Maximalwert des Stromes durch den Kondensator i_C, und der Minimalwert des Stromes durch den Kondensator i_{Cmin}, errechnet werden. Eine direkte Darstellung von Stromwerten ist an einem Oszilloskop nicht möglich.

Ohmsches Gesetz:

$$U = RI \text{ oder } I = \frac{U}{R} \text{ oder } R = \frac{U}{I}$$

bei den ermittelten Werten liegt damit der Maximalwert des Stromes durch den Kondensator bei:

$$I_{Cmax} = \frac{U_{Rmax}}{R_m} = 0{,}22 \frac{V}{10}\Omega = 0{,}022\,A = 22\text{mA}$$

$$I_{Cmin} = \frac{U_{Rmin}}{R_m} = -0{,}12 \frac{V}{10}\Omega = -0{,}012\,A = -12\text{mA}$$

Der Folgende prinzipielle Messaufbau zeigt die Messung der maximalen Spannung U_D an der Diode.

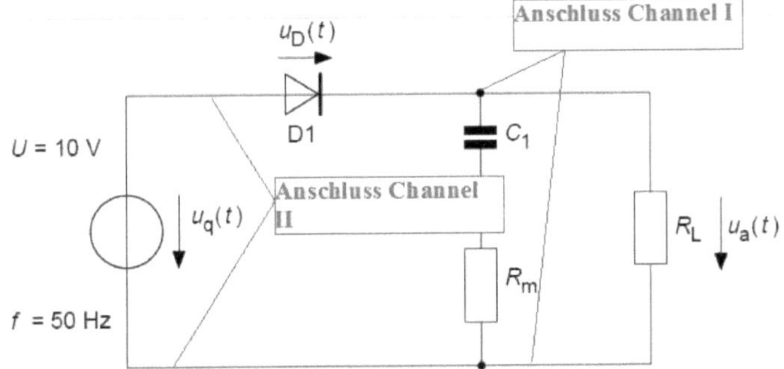

Abbildung 10: Messaufbau zur Messung der Diodenspannung (Quelle: Studienbrief 9 Elektrotechnik / Elektronik)

Der reale Aufbau der Messung in nachfolgend zu sehen

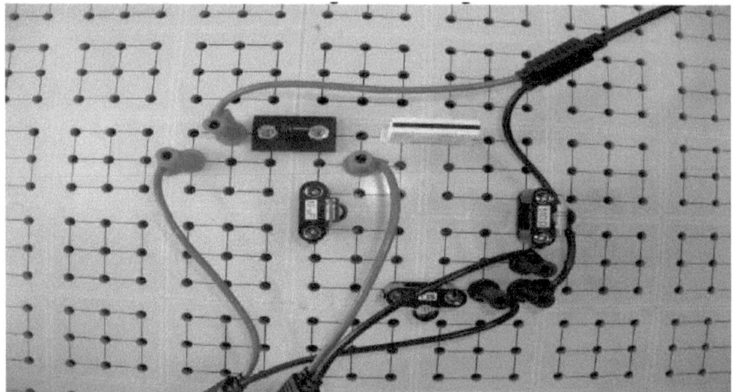

Abbildung 11: Messaufbau zur Spannungsmessung an Diode (Quelle: Der Verfasser)

Das passende Prüfbild am Oszilloskop ist nachstehend mit den Einstellungen: 5V/div und 0,2ms/div zu sehen.

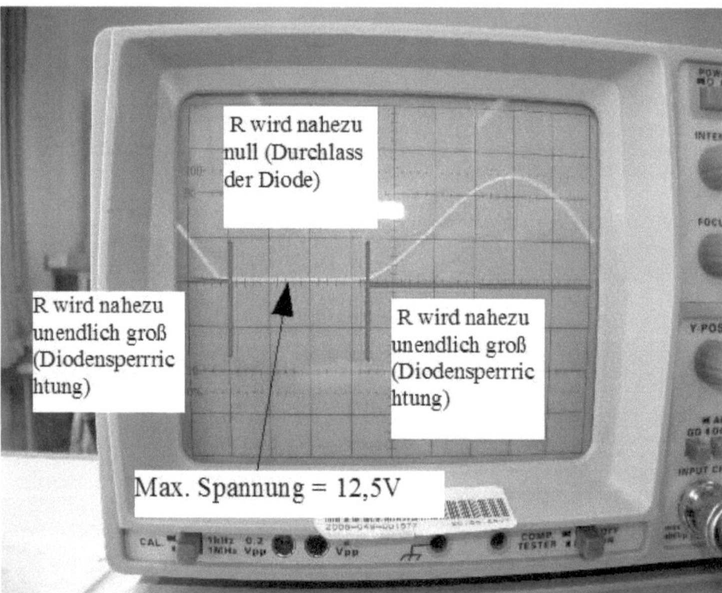

Abbildung 12: Messbild zur Messung von U_D (Quelle: Der Verfasser)

Es ist zu sehen wie die Diode sperrt und R damit nahezu unendlich wird. Die Quellspannung der Diode fällt damit ab. Die maximale Spannung an der Diode kann bei U_{max}=12,5V ermittelt werden.

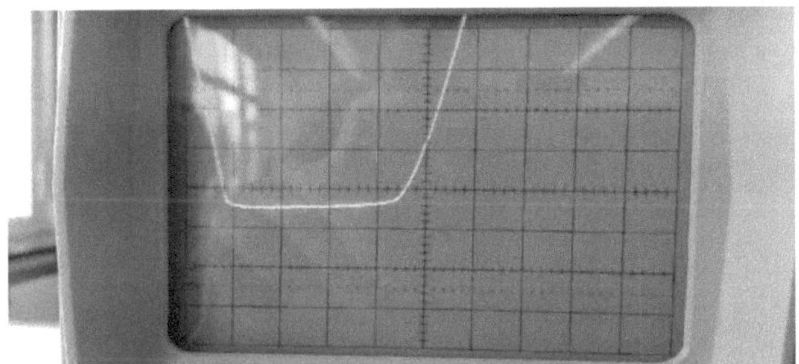

Abbildung 13: Diodenspannung bei geänderter OZ-Einstellung (Quelle: Der Verfasser)

Bei gleichem Messaufbau aber mit geänderter OZ-Einstellung auf 1V/div und 2ms/div lässt sich der zweite Wert der Diodenspannung aus vorstehender Darstellung (Abbildung 13) ablesen. U_{min} = -0,25V.

Die Auswertung der Versuche ergibt die Folgende Tabelle.

Tabelle 1: Messergebnisse einer Gleichrichterschaltung

U_D in V	U_a in V	i_C in A	i_{Cmin} in A
12,5	0,4 bis 8,4	0,022	-0,012

(Quelle: Versuchsprotokoll zu Oszilloskop im Grundstromkreis)

2. Kennlinie einer Diode und eines Transistors

In diesem Versuch sind Eigenschaften und Kennlinien der elektronischen Bauelemente Diode und Transistor zu untersuchen. (Auf die Auswertung der Z-Diode wurde nach Absprache mit Hr. Dr. Fußeder verzichtet)

2.1 Aufnahme der Strom-Spannungskennlinie einer Diode

Für den Versuch wird eine erdungsfreie Spannungsquelle mit 12V benötigt

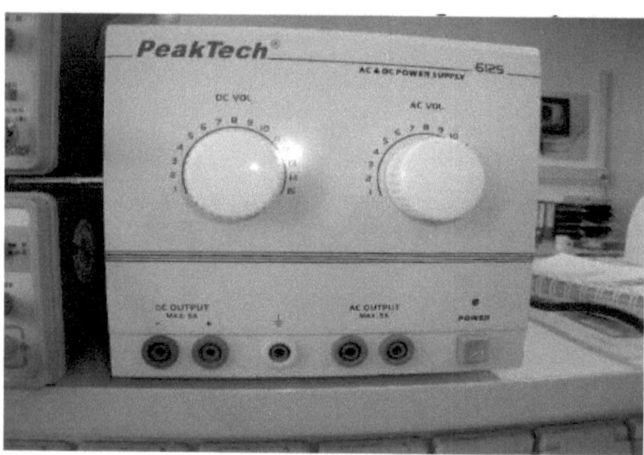

Abbildung 14: Erdungsfreie Spannungsquelle(Quelle: Der Verfasser)

Der Versuch wird nach Folgendem Schema aufgebaut

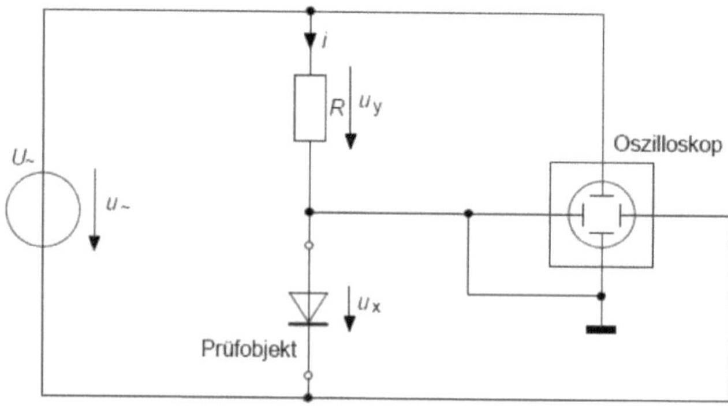

Abbildung 15: Versuchsaufbau zur Kennlinienaufnahme einer Diode (Quelle: Studienbrief 9 Elektrotechnik / Elektronik)

Der reale Versuchsaufbau ist in nachstehender Darstellung gezeigt.
Der Widerstand beträgt real 99,7Ω und die Frequenz ca. 50Hz.

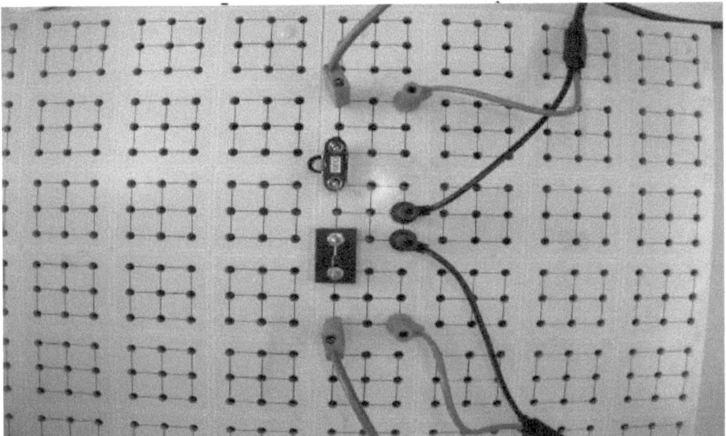

Abbildung 16: Aufbau zur Kennlinienaufnahme einer Diode (Quelle: Der Verfasser)

Während des Versuches muss der „XY-Taster" aktiviert bleiben. Jetzt kann die Y-Achse übertragen als die „Strom-Achse" gesehen werden (obwohl nur Spannungen am Oszilloskop ausgelesen werden können), während die X-Achse als „Spannung-Achse" angesehen werden kann.
An der Y-Achse wird die Widerstandsspannung U_R angezeigt und an der X-Achse die Diodenspannung U_D.

Die damit erzeugte Strom-Spannungskennlinie der Diode ist in Folgender Darstellung (Abbildung 17) zu sehen. Am Oszilloskop wurden die nachstehenden Einstellungen eingegeben: 0,5V/div.

Die Ermittlung der Schleusenspannung U_S erfolgt durch die Verlängerung des stetig steigenden Abschnittes der Y-Achse (der Widerstandsspannung U_R) bis zu ihrem Schnittpunkt mit der X-Achse. Im Versuch ergibt sich eine Schleusenspannung von 0,7V.

Da das Oszilloskop, wie bereits erwähnt nur Spannungen darstellen kann, ist die Umrechnung des Arbeitspunktes bei einem Diodenstrom von 10mA in V notwendig:

$$U = R \cdot I = 99{,}7\,\Omega \cdot 10\text{mA} \approx 1\text{V}$$

Mit der eingestellten Skalierung kann nun auch der Arbeitspunkt im OZ-Bild eingetragen werden.

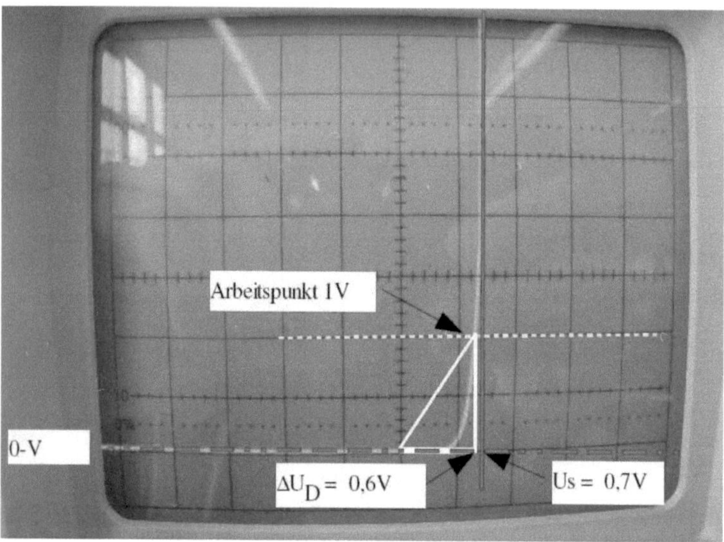

Abbildung 17: Kennlinie einer Diode (Quelle: Der Verfasser)

Für die Berechnung des statischen Widerstandes R_D bei einem Diodenstrom von 10mA gilt:

$$R_D = \frac{\Delta U_D}{I} = \frac{0{,}6V}{0{,}01A} = 60\,\Omega$$

ΔU_D wird durch das einzeichnen eines Steigungsdreiecks vom Schnittpunkt des Arbeitspunktes bis zur Nulllinie und dem 0-Punkt des X-Y-Achsenkreuzes ermittelt (siehe weißes Steigungsdreieck in Abbildung 19). Daraus ergibt sich ein statischer Widerstand von $R_D = 60\Omega$.

Für die Berechnung des dynamischen Widerstandes r_D bei einem Diodenstrom von 10mA gilt:

$$r_D = \frac{\Delta U}{I} = \frac{0{,}05V}{0{,}01A} = 5\Omega$$

ΔU wird durch das einzeichnen einer Tangente durch den Arbeitspunkt ermittelt.

Der Abstand des Schnittpunktes der Nulllinie mit der Tangente zu dem weißen Steigungsdreieck stellt ΔU grafisch dar. Die nachfolgende vergrößerte Darstellung (Abbildung 18) zeigt die grafische Auswertung. Damit ergibt sich ein dynamischer Wiederstand von $r_D = 5\Omega$.

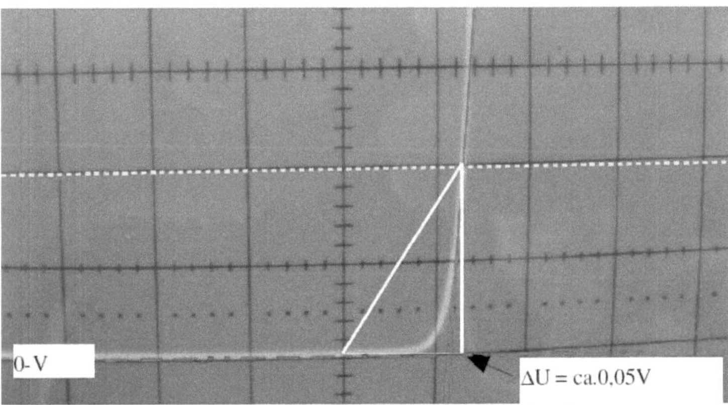

Abbildung 18: Vergrößerung zur Ermittlung von ΔU (Quelle: Der Verfasser)

Tabelle 2: Ermittelte Werte bei einem Diodenstrom von i=10mA

Statischer Diodenwiderstand R_D in Ω	**Dynamischer Diodenwiderstand r_D in Ω**
60	5

(Quelle: Versuchsprotokoll zu Kennlinien einer Diode eines Transistors)

2.2 Aufnahme der Ausgangskennlinien eines NPN-Transistors

Für die Versuchsdurchführung wurde ein BC550-Transistor verbaut.
Die nachfolgende Darstellung zeigt den schematischen Versuchsaufbau mit Folgenden Eigenschaften: $U_{\sim}$:12V/50Hz; $U_{=}$:0-10V regelbar; R_1=99,5kΩ; R_2=99,7Ω

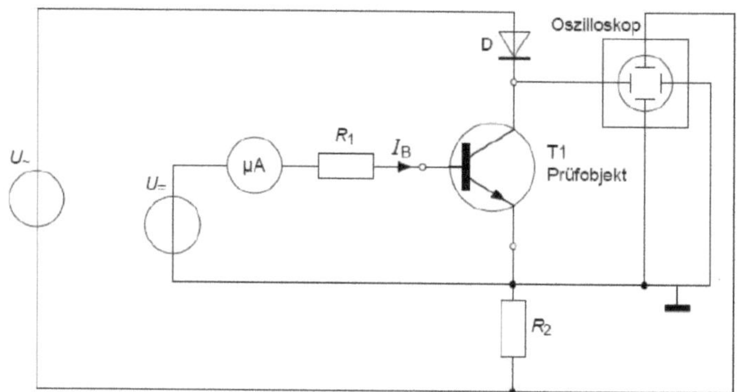

Abbildung 19: Schematischer Versuchsaufbau (Quelle: Studienbrief 9 Elektrotechnik / Elektronik)

Der reale Versuchsaufbau ist nachfolgend zu sehen

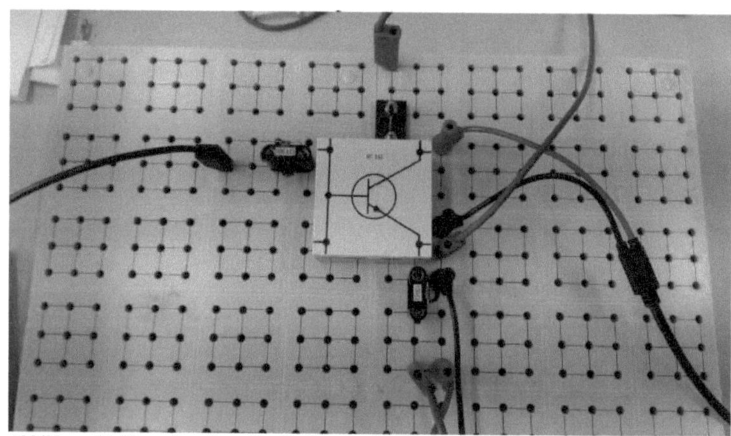

Abbildung 20: Versuchsaufbau (Quelle: Der Verfasser)

Der Transistor ist ein aktives Halbleiter-Bauelement, dass sein charakteristisches Verhalten als Verstärker erst zeigt, sobald er an eine Spannungsquelle angeschlossen wird. Die Gleichrichtung der Wechselspannung ist hier erforderlich, da Transistoren nur in eine Stromrichtung fehlerfrei funktionieren.
Die nachfolgenden Abbildungen zeigen die Ausgangskennlinien des Transistors für die Basisströme I_B:25µA; I_B:50µA; I_B:75µA und I_B:100µA.

Für das OZ gelten X-Achse=0,5V/div Y-Achse=0,5V/div.

Abbildung 21: Ausgangskennlinie bei I_B:25µA (Quelle: Der Verfasser)

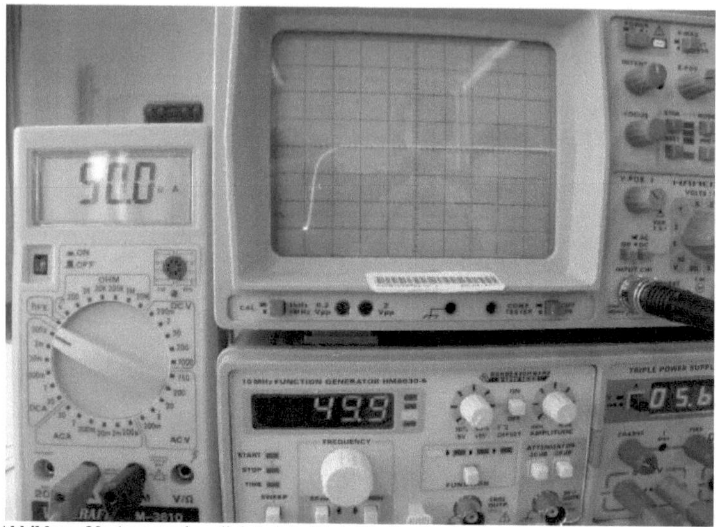

Abbildung 22: Ausgangskennlinie bei I_B:50µA (Quelle: Der Verfasser)

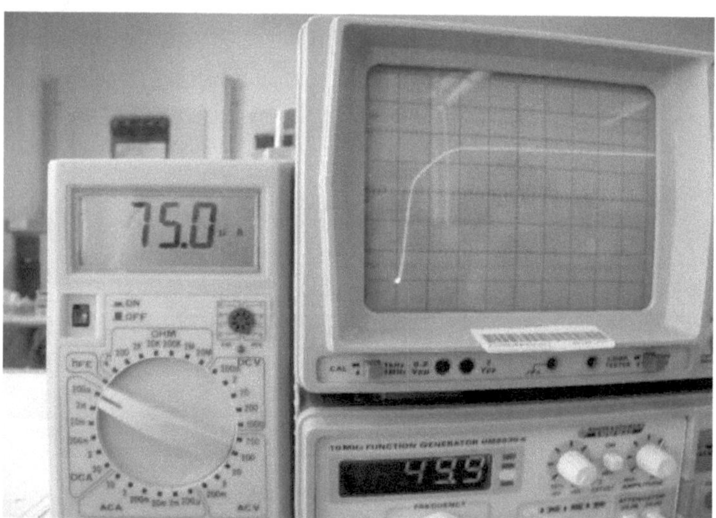

Abbildung 23: Ausgangskennlinie bei I_B:75µA (Quelle: Der Verfasser)

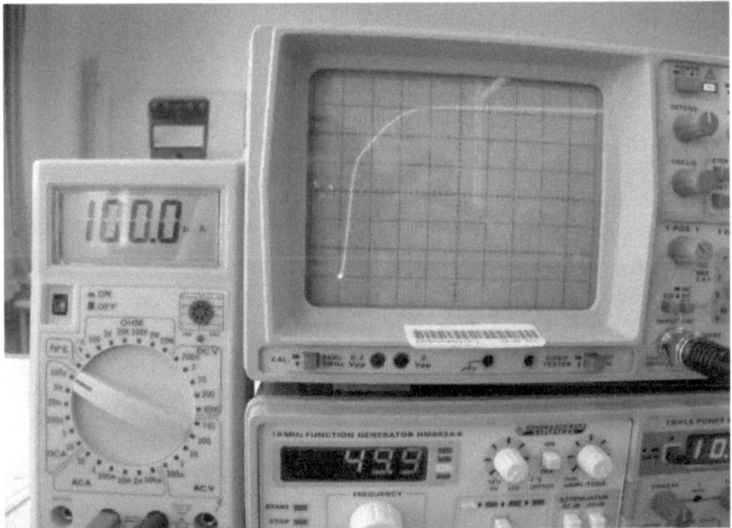

Abbildung 24: Ausgangskennlinie bei I_B:100µA (Quelle: Der Verfasser)

Die OZ-Bilder beschreiben in der Y-Richtung I_C in mA und in X-Richtung U_{CE} in V. Zu Beginn steigen die gezeigten Graphen der Stromstärken in I_C sehr stark an (Übersteuerungsbereich). Bei weiterer Zunahme von U_{CE} flachen die Kurven wieder ab und halten I_C im Idealfall konstant (aktiver Bereich).
Wenn U_{CE} einen bestimmten Wert erreicht hat, ist I_C fast ausschließlich von I_B abhängig, nicht mehr von U_{CE}. Dabei bewirkt ein geringer Basisstrom (I_B) einen großen Kollektorstrom (I_C). Es gilt die Stromverstärkung B als Maß für die Streufähigkeit von Transistoren.

$$B=\frac{I_C}{I_B}$$

Da ein Oszilloskop keine direkte Stromstärke anzeigen kann, gilt für I_C:

$$I_C=\frac{U_{CE}}{R_2}$$

Die nachstehende Tabelle zeigt die ermittelten Werte. Dabei wird I_B durch die Aufgabe vorgegeben und U_{CE} kann aus den Oszilloskopbildern abgelesen werden. I_C und B werden nach eben genannten Formeln berechnet.

Tabelle 3: Berechnung der Stromverstärkung B (mit R_2=99,7Ω)

I_B = 25μA	I_B = 50μA	I_B = 75μA	I_B = 100μA
U_{CE} = 1,3 V	U_{CE} = 2,5 V	U_{CE} = 3,5 V	U_{CE} = 4,5 V
I_C = 13.039μA	I_C = 25.075μA	I_C = 35.105μA	I_C = 45.135μA
B = 521,56	B = 501,5	B = 468,07	B = 451,35

(Quelle: Der Verfasser)

Die Ermittlung des differenziellen Widerstandes r_{CE} geschieht mit der Gleichung:

$$r_{CE} = \frac{\Delta U_{CE}}{\Delta I_C}$$

Die Ermittlung soll hier exemplarisch an der Ausgangskennlinie I_B = 50μA vorgenommen werden. Die Ermittlung wird im Folgenden durch einen Arbeitspunkt im Übersteuerungsbereich und einen Arbeitspunkt im aktiven Bereich graphisch dargestellt.
(Die Berechnung des Stromes I = U/R wird der Einfachheit hier mit 100Ω durchgeführt)

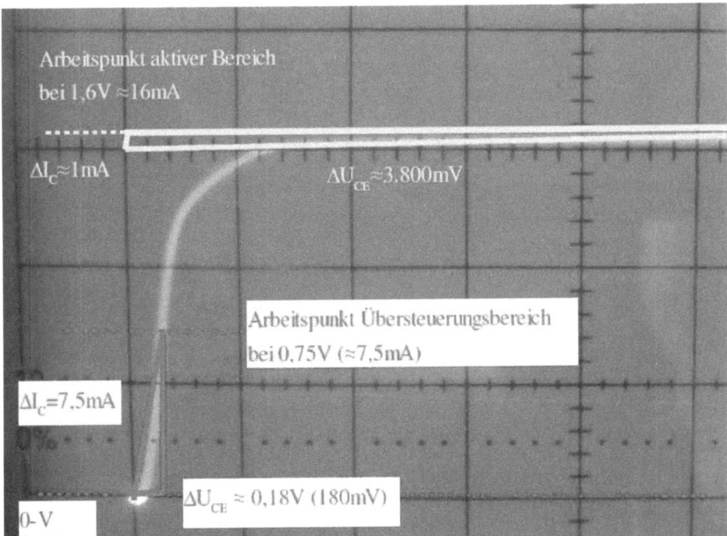

Abbildung 25: Ausgangskennlinie von $I_B = 50\mu A$ bei X-Achse=0,5V/div Y-Achse=0,5V/div (Quelle: Der Verfasser)

Im Übersteuerungsbereich wurde der Arbeitspunkt mit 0,75V (≈7,5mA) gewählt. Die graphische Lösung geschieht mittels Tangente durch den Arbeitspunkt. Bildet man aus dieser Tangente ein Steigungsdreieck kann $\Delta U_{CE} \approx$ 180mV abgelesenen werden. ΔI_C entspricht demnach ≈ 7,5mA. Somit gilt für den differenziellen Widerstand r_{CE}:

$$r_{CE} = \frac{\Delta U_{CE}}{\Delta I_C} = \frac{180\text{mV}}{7{,}5\, mA} = 24\,\Omega$$

Im aktiven Bereich liegt der Arbeitspunkt bei 1,6V (≈16mA). Auch hier geschieht die graphische Lösung durch eine Tangente und dem damit konstruierten Steigungsdreieck *(Durch die Vergrößerung des Bildausschnittes in Abbildung 25 kann das Ende Steigungsdreiecks nicht gezeigt werden)*. Nach den Werten die damit der Graphik entnommen werden können gilt für r_{CE}:

$$r_{CE} = \frac{\Delta U_{CE}}{\Delta I_C} = \frac{3.800\text{mV}}{1\text{mA}} = 3800\,\Omega$$

Tabelle 4: Wertebereiche für die Stromverstärkung B und den differenziellen Widerstand

	Wertebereich
Stromverstärkung B	451,35 bis 521,56
Differenzieller Widerstand R_{CE}	24Ω bis 3800Ω

(Quelle: Versuchsprotokoll zu Kennlinien einer Diode eines Transistors)

3. Grundschaltungen des Operationsverstärkers (OPV)

3.1 Übertragungskennlinie eines OPV in nicht invertierender Schaltung

Die folgende Darstellung zeigt den prinzipiellen Aufbau eines nicht invertierenden Verstärkers. Hierbei bilden R_1 und R_3 einen Spannungsteiler der einen Teil des Ausgangssignals in den invertierten Eingang zurückführt. R_2 ist erforderlich für die Ruhestromkompensation.

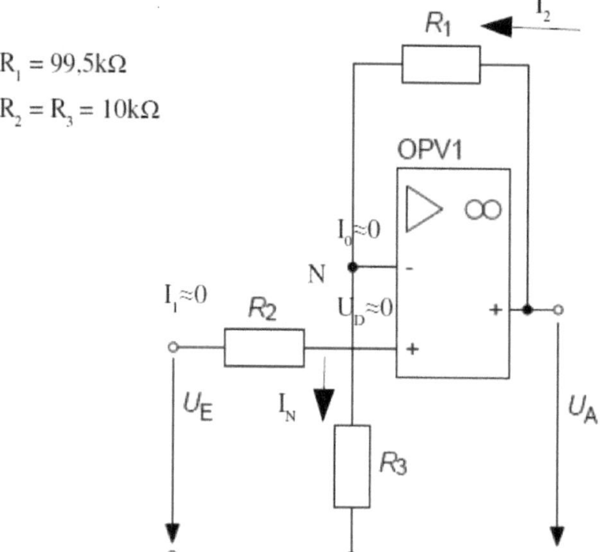

Abbildung 26: Prinzipschaltbild eines nicht invertierenden Verstärkers (Quelle: Studienbrief 9 Elektrotechnik / Elektronik)

Für die Herleitung des Spannungsverstärkungsfaktor V_U aus Abbildung 26 ergibt sich für die Eingangsmasche:

$$U_E - I_N \cdot R_3 + U_D = 0$$

Mit $I_1 \approx 0$ und $I_0 \approx 0$, wegen des großen Eingangswiderstandes des Operationsverstärkers.

$U_D \approx 0$ (U_D kann ungefähr 0 gesetzt werden, da die starke Differenzverstärkung des OV, für die Generierung einer Ausgangsspannung, nur eine sehr kleine Eingangs-Differenzspannung benötigt.)

Mit $I_2 = I_N$ (nach Knotensatz) ergibt sich für die Eingangsmasche vereinfacht:

$$U_E = I_N \cdot R_3$$

Für die Ausgangsmasche gilt:

$$U_A - I_N \cdot R_3 - I_2 \cdot R_1 = 0$$

$$U_A = I_N \cdot R_3 + I_2 \cdot R_1 \qquad \text{mit } I_2 = I_N$$

$$U_A = I_N \cdot (R_3 + R_1) \qquad \text{mit } I_N = U_E / R_3$$

$$U_A = \frac{U_E}{R_3} \cdot (R3 + R1)$$

$$U_A = (1 + \frac{R_1}{R_3}) \cdot U_E$$

mit Spannungsverstärkungsfaktor = Widerstandsverhältnis +1

$$V_U = 1 + \frac{R_1}{R_3}$$

Mit der Herleitung des Spannungsverstärkungsfaktors V_U haben wir nun die erste Möglichkeit den Versuch auszuwerten. Mit Einsetzen der verwendeten Bauteile ergibt sich für V_U:

$$V_U = 1 + \frac{99{,}5\,k\,\Omega}{10{,}0\,k\,\Omega} = 10{,}95$$

Eine weitere Möglichkeit zur Bestimmung von V_U ist die Auswertung des OZ-Bildes. Der Verstärkungsfaktor kann hier über die Steigung der Geraden ermittelt werden. Für das Oszilloskop gelten die Folgenden Einstellungen:

X-Achse (Eingangssignal) = 0,5V/div und Y-Achse (Ausgangssignal) = 5V/div

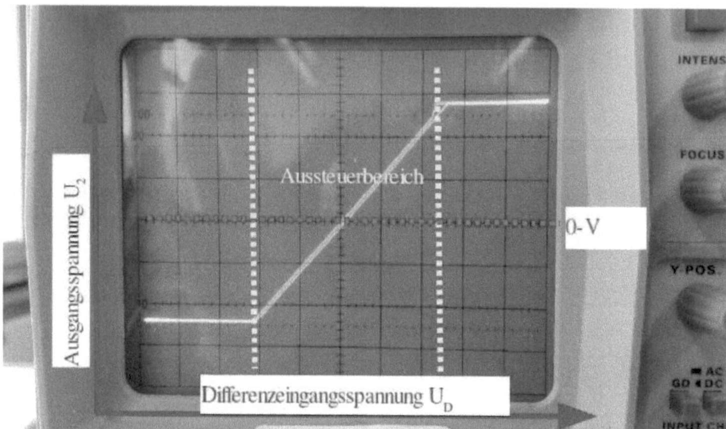

Abbildung 27: Kennlinie nicht invertierter OPV (Quelle: Der Verfasser)

Nur im markierten Aussteuerbereich besteht ein linearer Zusammenhang zwischen Ein- und Ausgangsspannung, weswegen dieser Bereich auch für Verstärkerspannungen genutzt wird.
Der Differenzverstärkungsfaktor beträgt hier für
$U_2 \approx +/- 13V$ und UD $\approx +/- 1,25V$:

$$V_D = -\frac{U_2}{U_D} = -\frac{13\text{V}}{-1,25\,V} = 10,4$$

Die Ergebnisse der Berechnung und der graphischen Auswertung sind sehr ähnlich. *(Abweichungen der Ergebnisse können durch Ablesefehler begründet werden)*

Als dritte Möglichkeit zur Ermittlung des Verstärkungsfaktors sei hier noch auf die graphische Auswertung der Amplitude hingewiesen.

3.2 Übertragungskennlinie eines OPV in invertierener Schaltung

Die folgende Darstellung zeigt den prinzipiellen Aufbau eines invertierenden Verstärkers. R_1 und R_2 bestimmen den Gegenkopplungsgrad zur Verstärkereinsellung und R_3 soll die Spannungsverschiebung kompensieren.

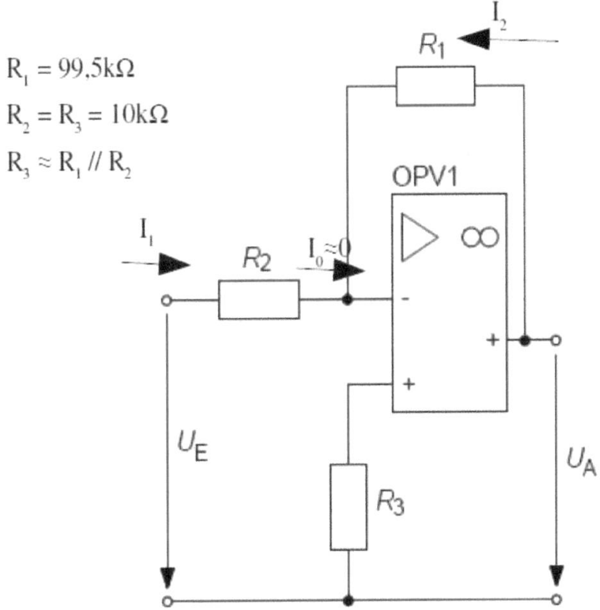

Abbildung 28: Prinzipschaltbild eines invertierenden Verstärkers (Quelle: Studienbrief 9 Elektrotechnik / Elektronik)

Für die Herleitung des Spannungsverstärkungsfaktor V_U aus Abbildung 28 ergibt sich für die Eingangsmasche:

mit $I_0 \approx 0$ gilt $I_1 + I_2 = 0$ bzw. $I_1 = -I_2$

$$U_E - I_1 \cdot R_2 = 0$$

$$U_E = I_1 \cdot R_2 \qquad \text{bzw.} \quad I_1 = \frac{U_E}{R_2}$$

für die Ausgangsmasche ergibt sich:

$$U_A - I_2 \cdot R_1 = 0$$

$$U_A = I_2 \cdot R_1 \qquad \text{bzw.} \qquad I_2 = \frac{U_A}{R_1}$$

mit $I_1 = -I_2$

$$\frac{U_E}{R_2} = -\frac{U_A}{R_1}$$

$$U_A = \frac{R_1}{R_2} \cdot U_E$$

mit Spannungsverstärkungsfaktor = Widerstandsverhältnis

$$V_U = \frac{R_1}{R_2}$$

Mit der Herleitung des Spannungsverstärkungsfaktors V_U haben wir nun die erste Möglichkeit den Versuch auszuwerten. Mit Einsetzen der verwendeten Bauteile ergibt sich für V_U:

$$V_U = \frac{R_1}{R_2} = \frac{99{,}5\,k\Omega}{10\text{k}\,\Omega} = 9{,}95$$

Wie schon bei der Auswertung des nicht invertierten OPV erläutert, lässt sich auch der Verstärkungsfaktor des invertierenden OPV über die Steigung der Geraden ermitteln. Die Kennlinie ist lediglich gespiegelt. Für das Oszilloskop gelten die gleichen Einstellungen wie auch für den nicht invertierenden OPV: X-Achse (Eingangssignal) = 0,5V/div und Y-Achse (Ausgangssignal) = 5V/div.

Der Differenzverstärkungsfaktor beträgt hier nach Auswertung von nachfolgender Abbildung 29 für $U_2 \approx$ +/- 13V und $U_D \approx$ +/- 1,25V:

$$V_D = -\frac{U_2}{U_D} = -\frac{13\text{V}}{-1{,}25\,V} = 10{,}4$$

Die Ergebnisse der Berechnung und der graphischen Auswertung sind auch hier sehr ähnlich. *(Abweichungen der Ergebnisse können durch Ablesefehler begründet werden)*

Auch hier sei wieder auf die dritte Möglichkeit zur Ermittlung des Verstärkungsfaktors, die graphische Auswertung der Amplitude hingewiesen.

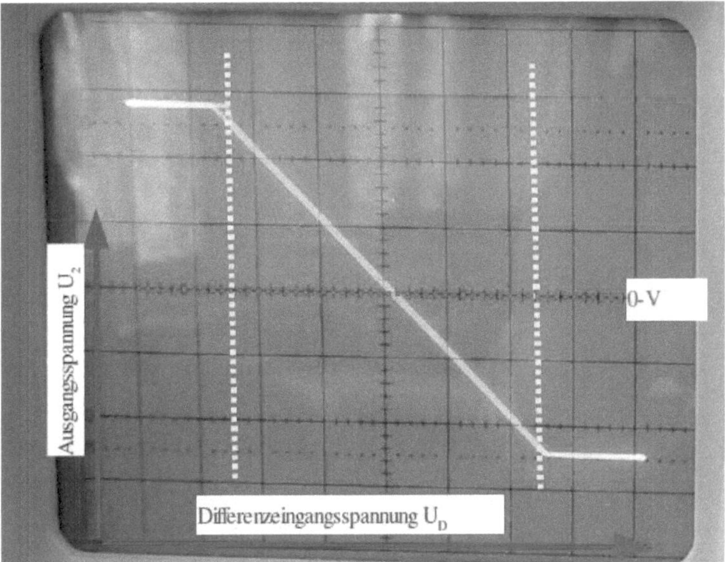

Abbildung 29: Kennlinie invertierter OPV (Quelle: Der Verfasser)

3.3 Frequenzgang und Grenzfrequenz eines OPV in invertierender Schaltung

In der Folgenden Versuchsauswertung werden der Frequenzgang und die Grenzfrequenz für ein OPV in invertierender Schaltung (siehe Versuchsaufbau Abbildung 28) ermittelt.
Dabei ist die Einstellungen für Channel 1 = 5V/div und für Channel 2 = 0,5V/div.

Nach Absprache wird die Messung für die Verstärkung in Abhängigkeit von der Spannungsfrequenz von U_E in einem Bereich von 1kHz bis 37kHz durchgeführt. Da der Bereich von 1kHz bis 19kHz keine erwähnenswerte Änderung für V_U aufweist, wurde dieser Bereich in nur zwei Schritten bearbeitet (siehe Tabelle 5). Die optische Auswertung zur Ermittlung der Grenzfrequenz der Verstärkerschaltung wird in einem Bode-Diagramm festgehalten (siehe Abbildung 32).

Der Spannungsverstärkungsfaktor V_U wurde aus den abgelesenen OZ-Bildern der einzelnen Frequenzen errechnet mit:

$$V_U = \frac{U_A}{U_E}$$

Tabelle 5: Messung der Verstärkung in Abhängigkeit der Spannung U_E

f / Hz	1000	19.000	20.000	25.000	29.000	37.000
V_U	10	10	9	8	7	6

(Quelle: Der Verfasser)

Die nachfolgenden zwei Bilder zeigen die OZ-Anzeige bei 19kHz (Beginn des Absinkens) und 37kHz (Ende der Messung)

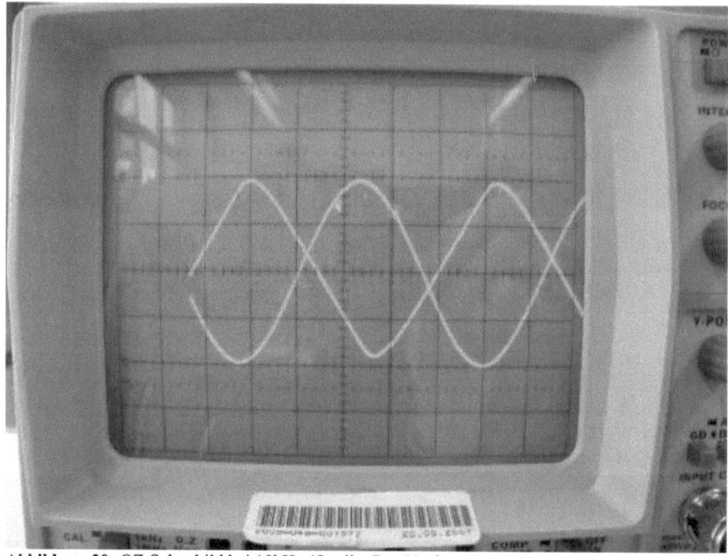

Abbildung 30: OZ-Schaubild bei 19kHz (Quelle: Der Verfasser)

Abbildung 31: OZ-Schaubild bei 37kHz (Quelle: Der Verfasser)

Für die optische Auswertung des Bode-Diagramms ist es notwendig das Differenzverstärkungsmaß (υ_D) in Dezibel (dB) wie Folgt zu berechnen:

$$V_D = \frac{U_A}{U_E} \quad \text{und} \quad \upsilon_D = 20 \cdot \log V_D$$

damit ergeben sich die Ergebnisse wie in nachstehender Tabelle angezeigt

Tabelle 6: Differenzverstärkungsmaß

f / Hz	1000	19.000	20.000	25.000	29.000	37.000
V_U	10	10	9	8	7	6
υ_D in dB	20	20	19	18	17	16

(Quelle: Der Verfasser)

Grenzfrequenz:
Aus dem Bode-Diagramm kann ebenfalls die Grenzfrequenz abgelesen werden. Sie ist die Frequenz bei der die Stromverstärkung (in dB) um den Faktor $\sqrt{2}$ abgenommen hat. Das entspricht einer Abnahme von:

$$20\log(\frac{1}{\sqrt{2}})=-3{,}01\ dB$$

Das Folgende Diagramm zeigt die optische Auswertung zu den Messwerten aus Tabelle 6. Dieses Bode-Diagramm zeigt den Ausschnitt von 1kHz bis 100kHz. Die Grenzfrequenz (f_{gA}) kann hier bei ca. 29kHz abgelesen werden.

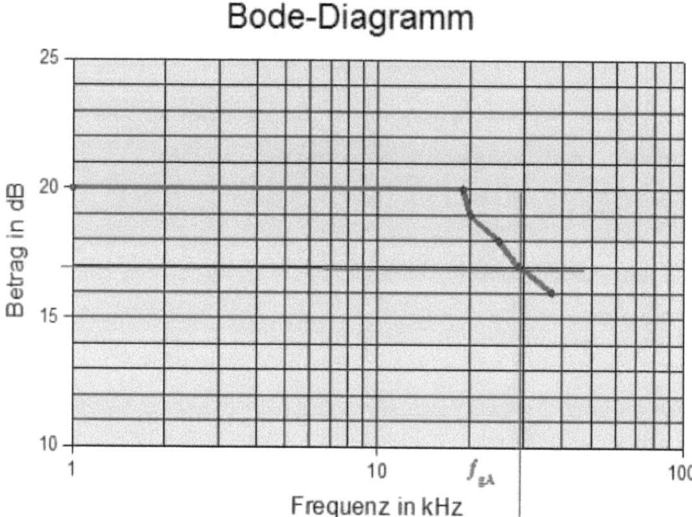

Abbildung 32: Bode-Diagramm(Quelle: Der Verfasser)

Anlagen

Anlage 1: Versuchsprotokoll „Oszilloskop im Grundstromkreis“
Anlage 2: Versuchsprotokoll „Kennlinien einer Diode und eines Transistors“
Anlage 3: Versuchsprotokoll „Grundschaltungen des OPV“ (inkl. Bode-Diagramm)

Praktikum
Elektrotechnik/Elektronik

Versuch 2

Versuchsprotokoll: **Oszilloskop im Grundstromkreis** Seite 1 von 7 (inkl. Zusatzblätter)

Studienzentrum: München	Laborleiter: Dr.
	Versuchstag: 07.03.15

Studienteilnehmer/Praktikumsgruppe: (Unter (1) ist der den Studiennachweis zu erbringende Studierende aufzuführen.)	
(1) Buchta	(2)
(3)	(4)

Der Leistungsnachweis bestätigt die Individualleistung des Studierenden mit "bestanden" oder „nicht bestanden".

Leistungsnachweis	*Bewertung (B)/Testat(T)*
Versuchsvorbereitung (B)	
Versuchsdurchführung (T)	
Versuchsauswertung (B)	

Gesamt-Bewertung	

Prüfbedingungen

Verwendete Geräte	**Typ/Parameter**	
Oszilloskop	HAMEG 30MHz Analog/Digital Scope HM305	
Tastkopf	✓	
Frequenzgenerator	10 MHz Function generator HM8030-6	
Widerstände	Festwiderstand R_L = ~~500 Ω~~ 511 Ω 1 W	Messwiderstand R_m = ~~10 Ω~~ 10 Ω 1 W
Kondensator	C = 10 µF ✓	
Diode	BA 158 - 8636 ✓	

Versuchsergebnisse und -auswertung

Messungen mit dem Tastkopf

Tabelle P 2.1: *Überprüfung der Kalibrierung des Tastkopfes*

	Sollwerte	Gemessene Werte
Triggerspannung U_{Tr} in V		
Periodendauer in ms		

Abbildungen P 2.1 und P 2.2: Oszilloskopbilder
(als Anlage dem Versuchsprotokoll beizufügen)

- Bild eines unter- bzw. überkompensierten Falles
- Bild eines kompensierten Falles

Skizze kompensation
+ Erläuterung
+ Prinzipschaltung
(Abb. 2.3 SB9)

Darstellung sinusförmiger Größen

Tabelle P 2.2: *Darstellung sinusförmiger Größen*

	Aus Oszilloskopbild ermittelte Werte
Scheitelwert der Spannung in V	10 V
Periodendauer in ms	20 ms

(50 Hz; 5ms/div; 5V/div)

Beschreibung der Bildänderung bei Variation von U_{Tr}

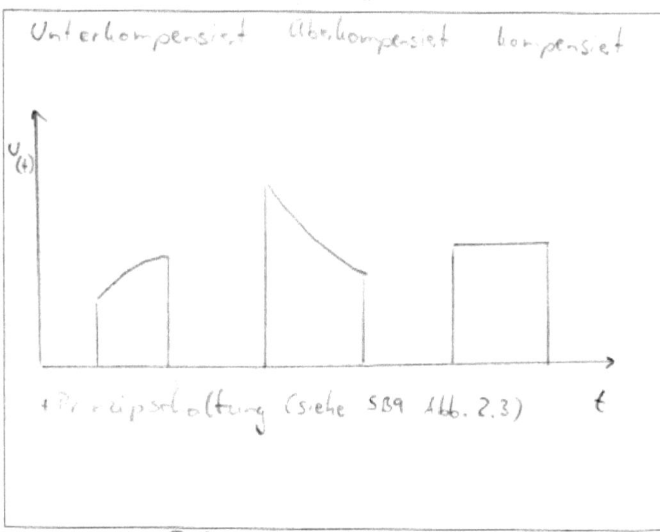

zu Tabelle P 2.1

Beschreibung der Auswirkung bei U_{Tr}, die größer ist als der Maximalwert des Signals

Fotos 1-3
+ Erläuterung zu 2.4.2

Zu Tabelle P 2.2

***Abbildung P 2.3:** Oszilloskopbild des sinusförmigen Verlaufes*
(als Anlage dem Versuchsprotokoll beizufügen)

Messung verschiedener Spannungen einer Gleichrichterschaltung

***Tabelle P 2.3:** Messergebnisse an einer Gleichrichterschaltung*

$\hat{u}_D$ in V	$\hat{u}_a$ in V	$\hat{i}_C$ in A	$\hat{i}_{Cmin}$ in A
12,5 ✓	0,4 - 8,4 V		

Beschreibung der einzelnen Signale und Erläuterung deren Verlaufes

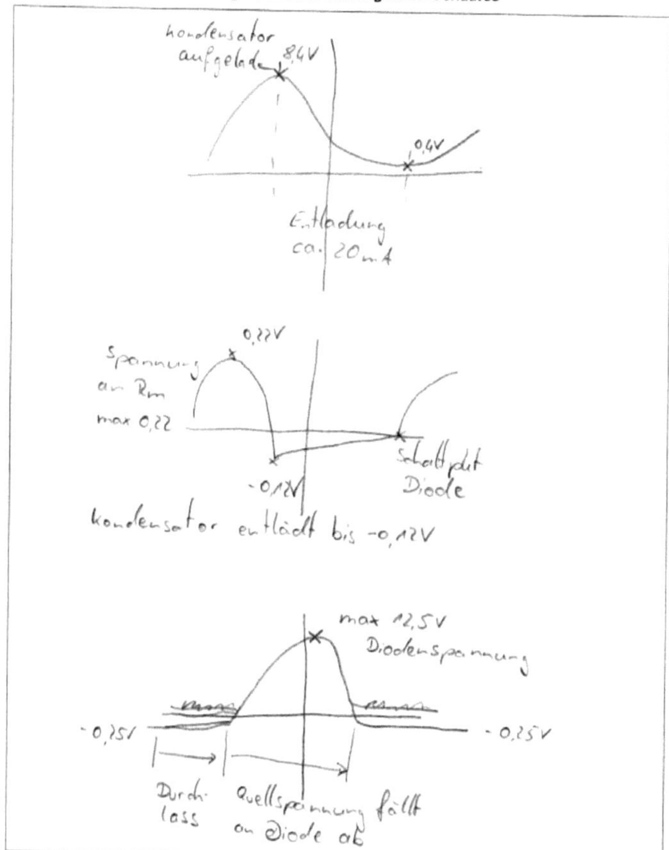

Für das Protokoll: 18.03.15 Budke

(Datum/Unterschrift des Studierenden, der den Studiennachweis zu erbringen hat)

zu 2.4.2

Foto 1: 50 Hz
5 ms/div
5 V/div

2.4.2. (6)

Wenn U_{Tr} Triggerspannung größer als max. Amplitudenspannung ist die Messwertanzeige beendet (Ich verlasse den sichtbaren Bereich des OZ)

⇒ Der Startbereich der Anzeige ist über der Sinuskurve (>10V) folglich wird keine Sinuskurve mehr dargestellt (zu Tabelle P 2.2

Foto 2: Darstellung mit veränderter Triggerspannung

Foto 3: keine Anzeige da U_{TR} zu hoch

24.2 (5)

Die Triggerspannung verändert den Anzeigestartpunkt der Sinuskurve

2.4.3

(CH2) = Ausgangsspannung

Kondensatorentladung sorgt für positiven Spannungserhalt das Vorzeichen wechselt nicht (wie bei Sinuskurve)

2 Volt / Div

2 ms / Div

50 Hz

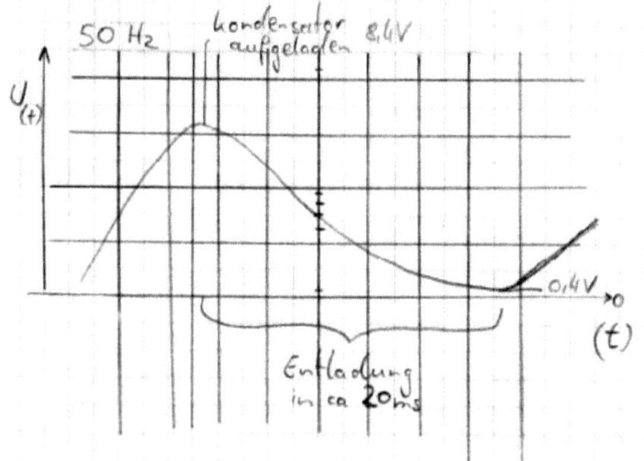

≙ Foto 4

Aufbau ≙ Foto 5 + Foto 6

Ausgangsspannung $U_a(t)$ von 0,4 Volt
~~Kondensator~~spannung auf max 8,4 Volt aufgeladen

Ω-Gesetz ⇒

Spannungswert aus Stromwerten errechnen
die Kondensator aufladen
Strom hat einen Vorzeichenwechsel durch Entladung des Kondensators

↓

ic und icmin

Foto 7

Spannung an R_m zur Berechnung von Strom an C1

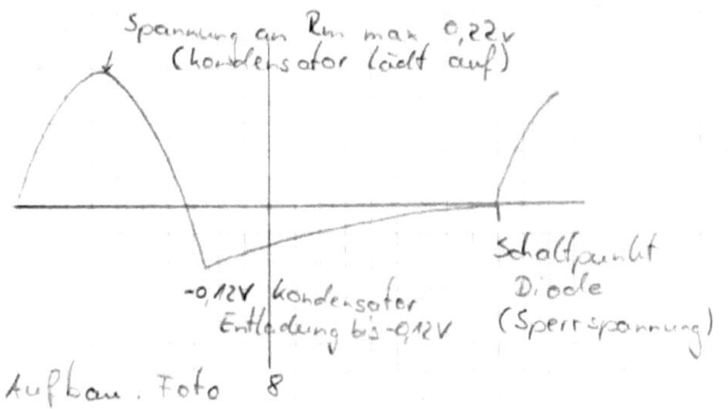

Aufbau Foto 8

0,1 V / Div

2 ms / Div

⇓

Berechnung von ic und icmin
(Ω-Gesetz)

U_D max Spannung an Diode

$U_q \overset{?}{=} U_D + U_L$

$U_q - U_L = U_D$

Messaufbau Foto 8

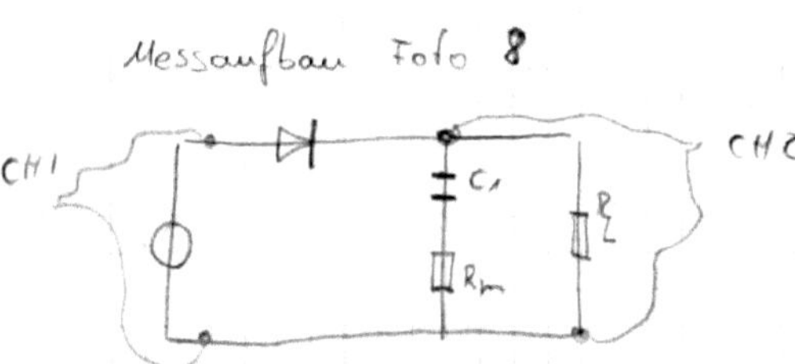

Diode Sperrt => R=∞

Quellspannung fällt ab an Diode (1 zu 2)

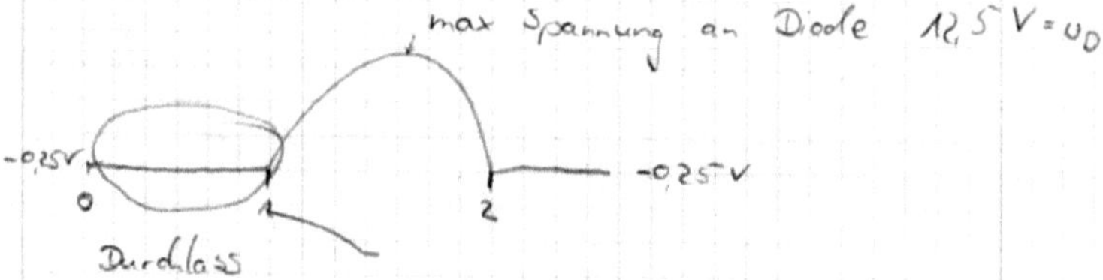

max Spannung an Diode 12,5 V = U_D

-0,25V

0

1

2

-0,25 V

Durchlass

Diode ca. 0 =

= Foto 9

Einstellung bei 1 V pro Div

= Foto 10 - 0,25

Praktikum
Elektrotechnik/Elektronik

Versuch 1C

Versuchsprotokoll: **Kennlinien einer Diode und eines Transistors** Seite 1 von 7 (inkl. Zusatzblätter)

Studienzentrum: München	Laborleiter: Dr.
	Versuchstag: 07.03.15

Studienteilnehmer/Praktikumsgruppe:
(Unter **(1)** ist der den Studiennachweis zu erbringende Studierende aufzuführen.)

(1) Buchta (2)
(3) (4)

Der Leistungsnachweis bestätigt die Individualleistung des Studierenden mit "bestanden" oder „nicht bestanden".

Leistungsnachweis	*Bewertung (B)/Testat (T)*
Versuchsvorbereitung (B)	
Versuchsdurchführung (T)	
Versuchsauswertung (B)	

Gesamt-Bewertung	

Prüfbedingungen

Verwendete Geräte	Typ/Parameter
Labornetzteil	Geregelt Gleichspannung 0 ... 10 V
Multimeter 1	Messbereich $I_=$: 100 µA (Voltcraft) M-3610
Multimeter 2	
Versuchsschaltung 1	Diode
Versuchsschaltung 2	Transistor
Diode	BA-158-8636
Z-Diode	
Transistor	BC 550

Widerstand 1 = 99,7 Ω = R_2
Widerstand 2 = 99,5 kΩ = R_1

Versuchsergebnisse und -auswertung

Aufnahme der *I-U-* Kennlinie einer Diode

***Abbildung P 10.1**: Kennlinie der Diode*

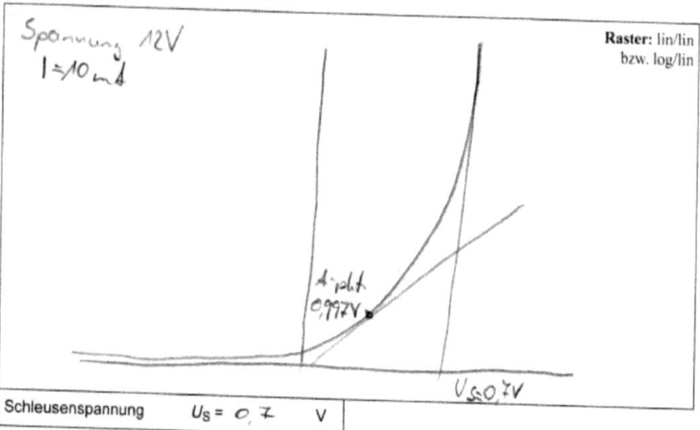

Schleusenspannung	U_S = 0,7 V

***Tabelle P 10.1:** Ermittelte Werte bei einem Diodenstrom von i = 10 mA*

$r_D = \frac{\Delta U}{10 mA}$

Statischer Diodenwiderstand	Dynamischer Diodenwiderstand
R_D = Ω	r_D= Ω

zu 10.4.1

Aufnahme der *I-U-* Kennlinie einer Z-Diode

***Abbildung P 10.2**: Kennlinie der Z-Diode* zu 10.4.2

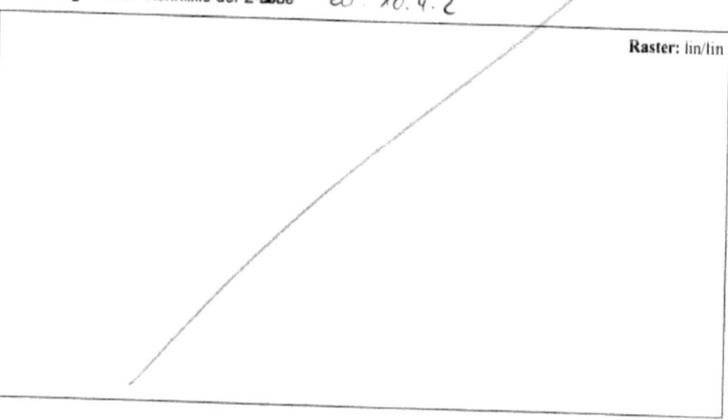

Tabelle P 10.2: *Ermittelte Werte der Z-Diode bei einem maximalen Scheitelwert von i = 20 mA*

zu 10.6.2

	Statischer Z-Diodenwiderstand R_D in V	Dynamischer Z-Diodenwiderstand r_D in Ω
Durchlassrichtung		
Sperrrichtung		

Tabelle P 10.3: *Aus der I-U-Kennlinie ermittelte Z- und Schleusenspannung*

Z-Spannung U_Z = V	Schleusenspannung r_D = V

Aufnahme der Ausgangskennlinien eines NPN-Transistors

Abbildung P 10.3: *Ausgangskennlinien des NPN-Transistors BC5[illegible] für I_B = 25 µA; 50 µA; 75 µA und 100 µA*

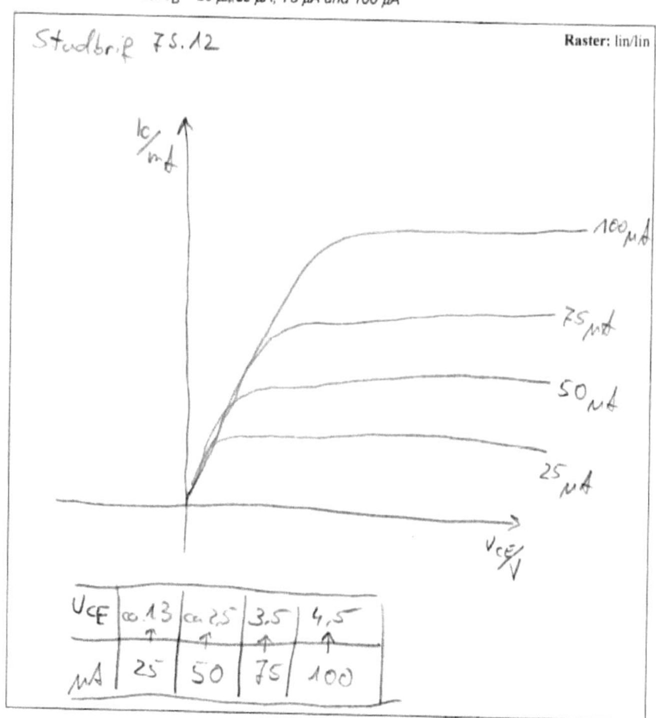

Diskussion der Kennliniendarstellung:

Tabelle P 10.3: *Erhaltene Wertebereiche für die Stromverstärkung B und den differentiellen Widerstand*

	Wertebereich	
Stromverstärkung B	von	bis
Differentieller Widerstand R_{CE}	von Ω	bis Ω

R_{CE} für eine Kurve darstellen !

Für das Protokoll 18.03.15 Buchta

(Unterschrift des Studierenden, der den Studiennachweis zu erbringen hat)

10.4.1

Erdungsfreie Spannungsquelle Foto 10

Versuch zu Abb. 106 (Aufgabe 10.4.1)
=Foto 11

Foto 12 = Kennlinie der Diode

I

Tangente für Us

OZ angaben:
0,5V/DIV

Arbeitspkt
0,997V

U

Us

U_S = ca. 0,7 V

Spannung 12V

~~$\frac{12V}{99,7\Omega} = 0,124 A$~~

$U = 10mA \cdot 99,7\,\Omega$

$U = 0,997\,V$

Dynamischer Diodenwiederstand / Statischer Widerstand
(SB 6 S.33)

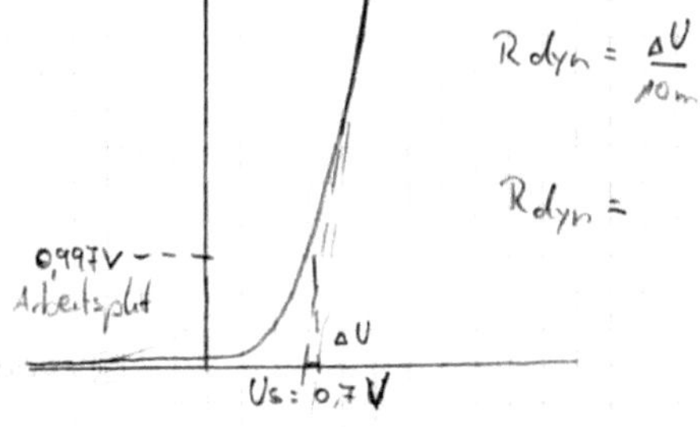

$R_{dyn} = \frac{\Delta U}{10mA}$

$R_{dyn} =$

zu Aufgabe 10.4.1 / 10.4.2

Diode

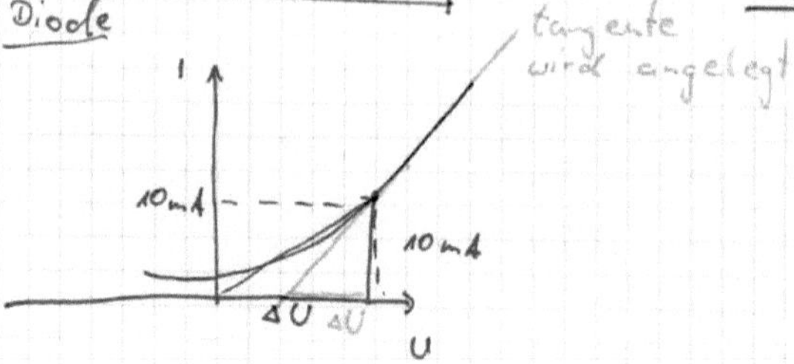

tangente wird angelegt

I

10mA

10mA

ΔU ΔU

U

Statischer Widerstand (= nur Näherungswert)
(Lehrwert der Steigung)

$R_{stat} = \frac{\Delta U}{10mA}$

Dynamischer Widerstand (differenzielle)

$R_{dyn} = \frac{\Delta U}{10mA}$

(drückt R realer aus)

10.4.3

O2-Einstellung   Foto 14/15: Versuchsaufbau
0,5 V DIV

Foto 13/18 bei 25 μA
Foto 16/17 bei 50 μA
Foto 19/20 bei 75 μA
Foto 21/22 bei 100 μA

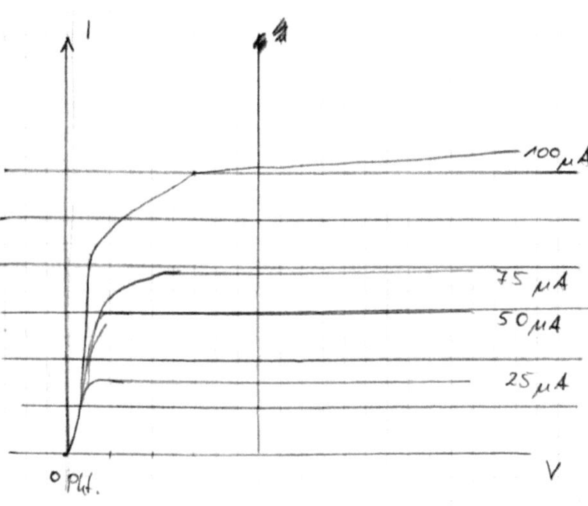

eine aussetzen

Praktikum
Elektrotechnik/Elektronik

Versuch 12

Versuchsprotokoll: **Grundschaltungen des OPV** Seite 1 von 10 (Inkl. Zusatzblätter)

Studienzentrum:	Laborleiter: Dr.
	Versuchstag: 07.03.15

Studienteilnehmer/Praktikumsgruppe:

(Unter **(1)** ist der den Studiennachweis zu erbringende Studierende aufzuführen.)

(1) Buchta (2)

(3) (4)

Der Leistungsnachweis bestätigt die Individualleistung des Studierenden mit "bestanden" oder „nicht bestanden".

Leistungsnachweis	*Bewertung (B)/Testat (T)*
Versuchsvorbereitung (B)	
Versuchsdurchführung (T)	
Versuchsauswertung (B)	

Gesamt-Bewertung	

Prüfbedingungen

Verwendete Geräte	Typ/Parameter
Labornetzteil	2 geregelte Gleichspannungen 0 ... 30 V
Multimeter 1	
Multimeter 2	
Experimentierboard 1	
Experimentierboard 2	
Funktionsgenerator	
Oszilloskop	
R_1	99,5kΩ
$R_2 = R_3$	10,0kΩ

Versuchsergebnisse und -auswertung

Übertragungskennlinie eines OPV in nicht invertierender Schaltung

Herleitung der Verstärkung nach Abb. 12.3 der Versuchsanleitung

Siehe ~~Studbrf~~ Studienbrief 7 S. 47

Abbildung P 12.1: *Übertragungskennlinie der Schaltung nach Abb. 12.3 der Versuchsanleitung*

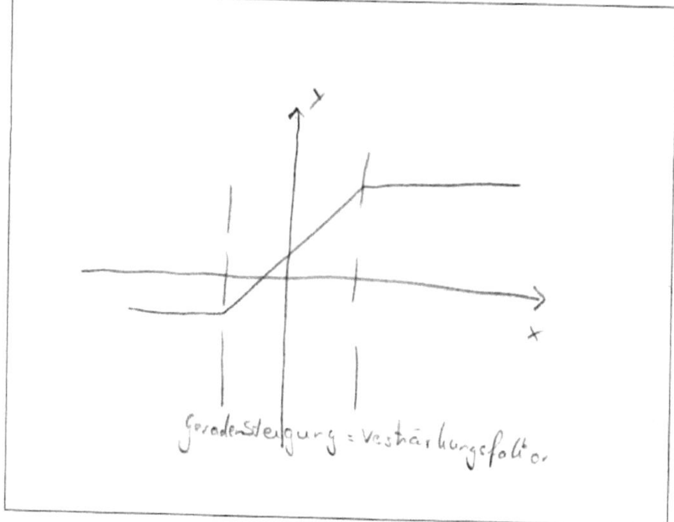

Übertragungskennlinie eines OPV in invertierender Schaltung

Herleitung der Verstärkung nach Abb. 12.5 der Versuchsanleitung

Abbildung P 12.2: *Übertragungskennlinie der Schaltung nach Abb. 12.5 der Versuchsanleitung*

Messung Geradensteigung = Verstärkungsfaktor

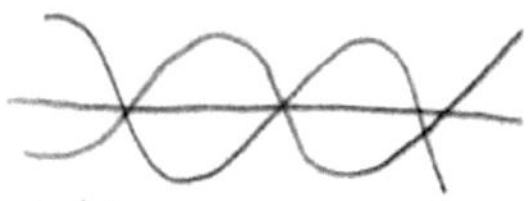

Verstärkungsfaktor = Messung der Amplitude

Frequenzgang und Grenzfrequenz eines OPV in invertierender Schaltung

***Abbildung P 12.3**: Darstellung des Frequenzganges der Schaltung nach Abb. 12.5 der Versuchsanleitung*

(Dem Versuchsprotokoll auf doppelt logarithmischen Papier beilegen.)

Ermittlung der Grenzfrequenz der Schaltung nach Abb. 12.5 der Versuchsanleitung

f_g =

- Versuch ab 19000 Hz nach Absprache mit Laborleitung.
- Foto von Anfang u. Ende der Messung beilegen
- ab 19 kHz da vorher Vu immer gleich ab 19 kHz tritt Änderung auf
- wichtiger Messbereich 19 kHz - 37 kHz

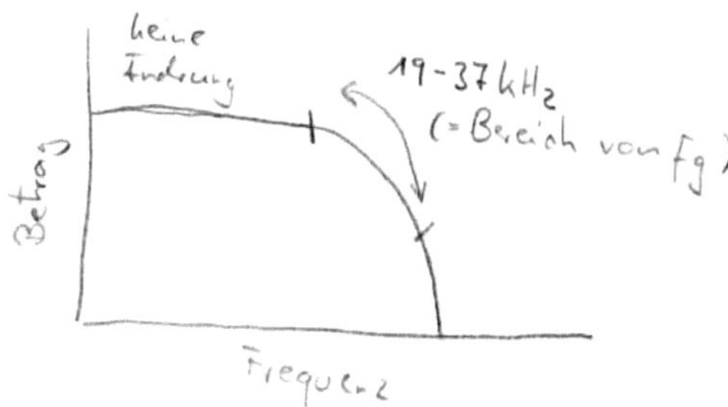

Für das Protokoll: 18.03.15 Buchta

(Datum/Unterschrift des Studierenden, der den Studiennachweis zu erbringen hat)

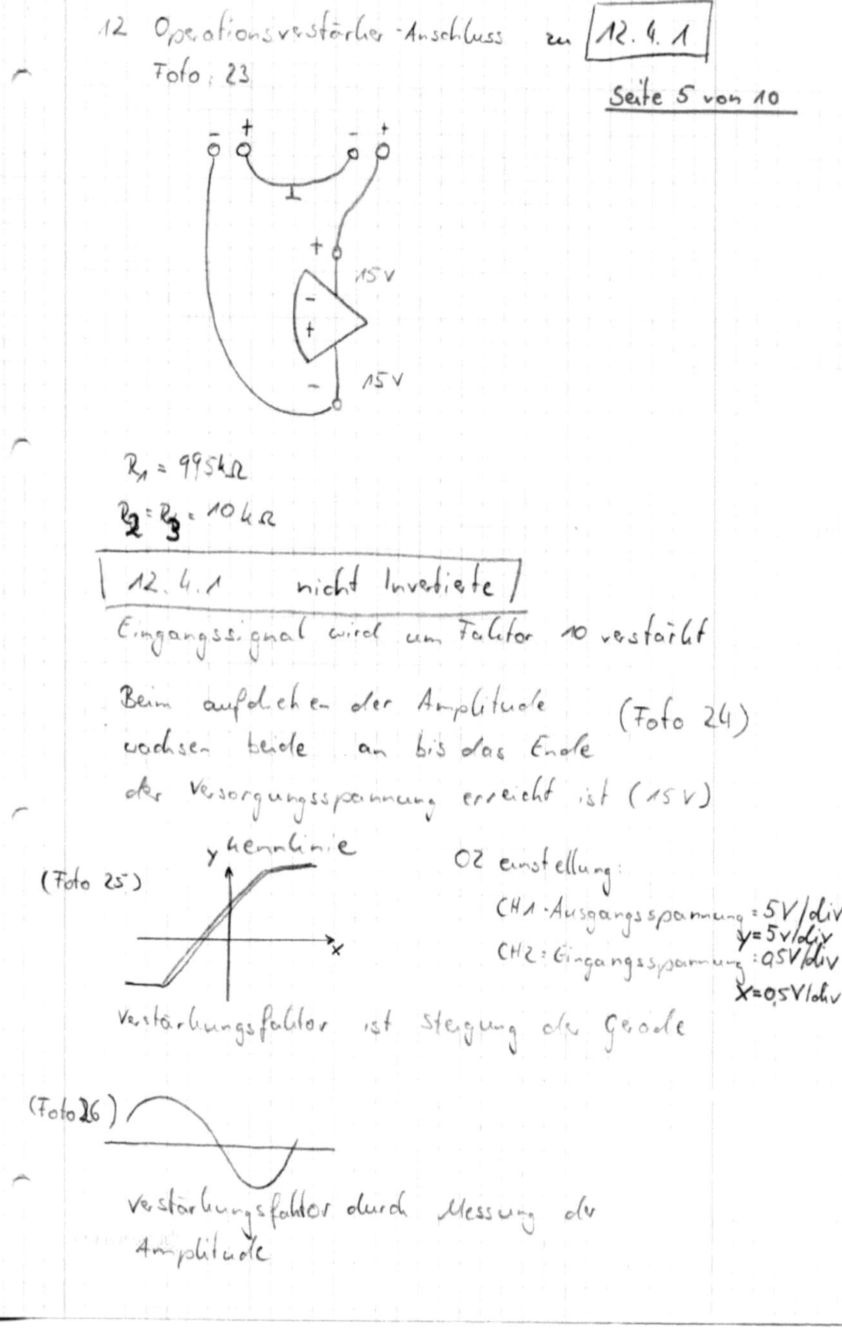

12 Operationsverstärker-Anschluss zu 12.4.1

Foto: 23

Seite 5 von 10

$R_1 = 995k\Omega$

$R_2 = R_3 = 10k\Omega$

12.4.1 nicht Invertiete

Eingangssignal wird um Faktor 10 verstärkt

Beim aufdrehen der Amplitude (Foto 24) wachsen beide an bis das Ende der Versorgungsspannung erreicht ist (15V)

(Foto 25)

OZ einstellung:

CH1: Ausgangsspannung = 5V/div y = 5V/div

CH2: Eingangsspannung : 0,5V/div X = 0,5V/div

Verstärkungsfaktor ist Steigung der Gerade

(Foto 26)

Verstärkungsfaktor durch Messung der Amplitude

Verstärkungsfaktor über Berechnung

$$V_U = \frac{R_1}{R_2}$$

12.3 nicht invertierter Verstärker

Eingangsspannung U_E

R_2 da Ruhestromkompensation erforderlich ist

R_1 und R_3 bilden einen Spannungsteiler der einen Teil des Ausgangssignals in den invertierten Eingang zurückführt.

$I_1 \approx 0$ und $I_0 \approx 0$ wegen großem OV-Eingangswiderstand

⇓

$I_2 = I_N$ (bei Knotenpunkt)

Eingangsmasche

$$U_E - I_N R_3 + U_D = 0$$

$U_D \approx 0$ weil erforderliche Eingangs-Differenzspannung sehr klein sein kann (OV regelt die Ausgangsspannung durch große Differenzverstärkung)

⇓

$$U_E = I_N R_3$$

Ausgangsmasche

$$U_A - I_N R_3 - I_2 R_1 = 0$$

$$\Rightarrow U_A = I_N R_3 + I_2 R_1$$

$$I_2 = I_N$$

$$U_A = I_N (R_3 + R_1)$$

$$I_N = \frac{U_E}{R_3} \text{ (siehe oben)}$$

$$\Rightarrow U_A = \frac{U_E}{R_3}(R_3 + R_1)$$

$$\Rightarrow U_A = \underbrace{\left(1 + \frac{R_1}{R_3}\right)} \cdot U_E$$

Spannungsverstärkungsfaktor = Widerstandsverhältnis + 1

$$V_U = 1 + \frac{R_1}{R_3}$$

12.5 Invertierender Verstärker

Verstärker dreht Vorzeichen der Eingangsgleichspannung U_E um und [illegible] Betrag

R_2 u. R_1 bestimmen den Gegenkopplungsgrad zur Verstärkungseinstellung

R_3 soll Spannungsverschiebung kompensieren

$R_3 \approx R_1 \| R_2$

mit $I_0 \approx 0$ gilt im Knoten N

Eingangsmasche

$I_1 + I_2 = 0$ bzw. $I_1 = -I_2$

$U_E - I_1 R_2 = 0$

mit $\Rightarrow U_E = I_1 R_2$ (bzw. $I_1 = \frac{U_E}{R_2}$)

Ausgangsmasche

$U_A - I_2 R_1 = 0$

$\Rightarrow U_A = I_2 R_1$ (bzw. $I_2 = \frac{U_A}{R_1}$)

mit $I_1 = -I_2$

$\Rightarrow \frac{U_E}{R_2} = -\frac{U_A}{R_1}$

$\Rightarrow U_A = -\frac{R_1}{R_2} \cdot U_E$ (Ausgangsspannung)

Spannungsverstärkungsfaktor = Widerstandsverhältnis

$V_U = \frac{R_1}{R_2}$

12.4.2 Invertierte OP-Einstellung

CH1 = 5V/div = Ausgangsspannung ⇒ Y-Achse
CH2 = 0,5V/div = Eingangsspannung ⇒ X-Achse

Verstärkungsfaktor durch Messung der Amplitude

(Foto: 27)

Messung der Steigung der Gerade
(Foto 28)

Berechnung Verstärkungsfaktor

~~$V_U = 1 + \frac{R_1}{R_3}$~~

12.4.3

OZ - Einstellung
CH 1 = 5 V/div
CH 2 = 0,5 V/div

ds Messung

~~Foto: 29 = 1000 Hz~~

Hz	19 000	20 000	25000	29000	37 000
V_U	10	9	8	7	6

Foto 30 Foto 29

bis 19 000 Hz steht V_U bei 10

(Messaufbau Foto 31)

$$V_U = \frac{U_A}{U_E}$$

Bode-Diagramm - Versuch 2

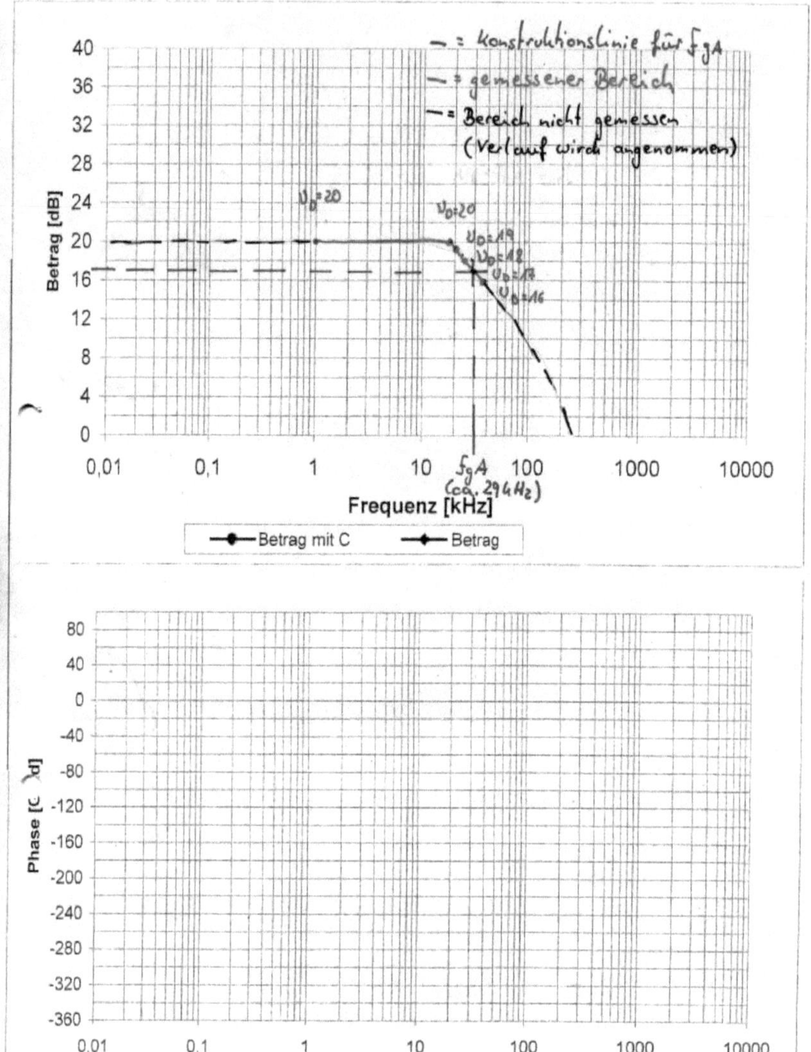